This Book Belongs to

_____

- -

_____

NUMBER TRACING BOOK FOR PRESCHOOLERS

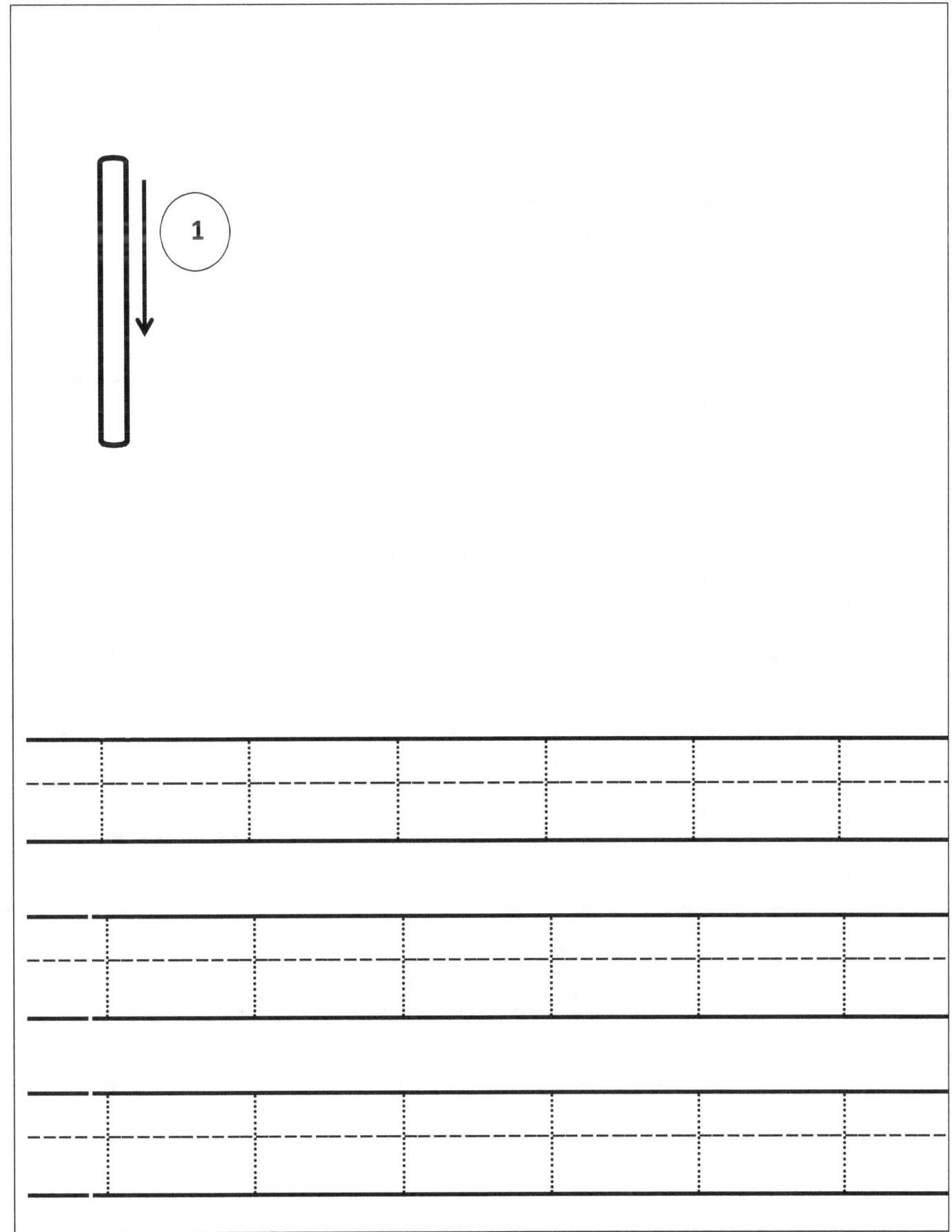

1
2
3

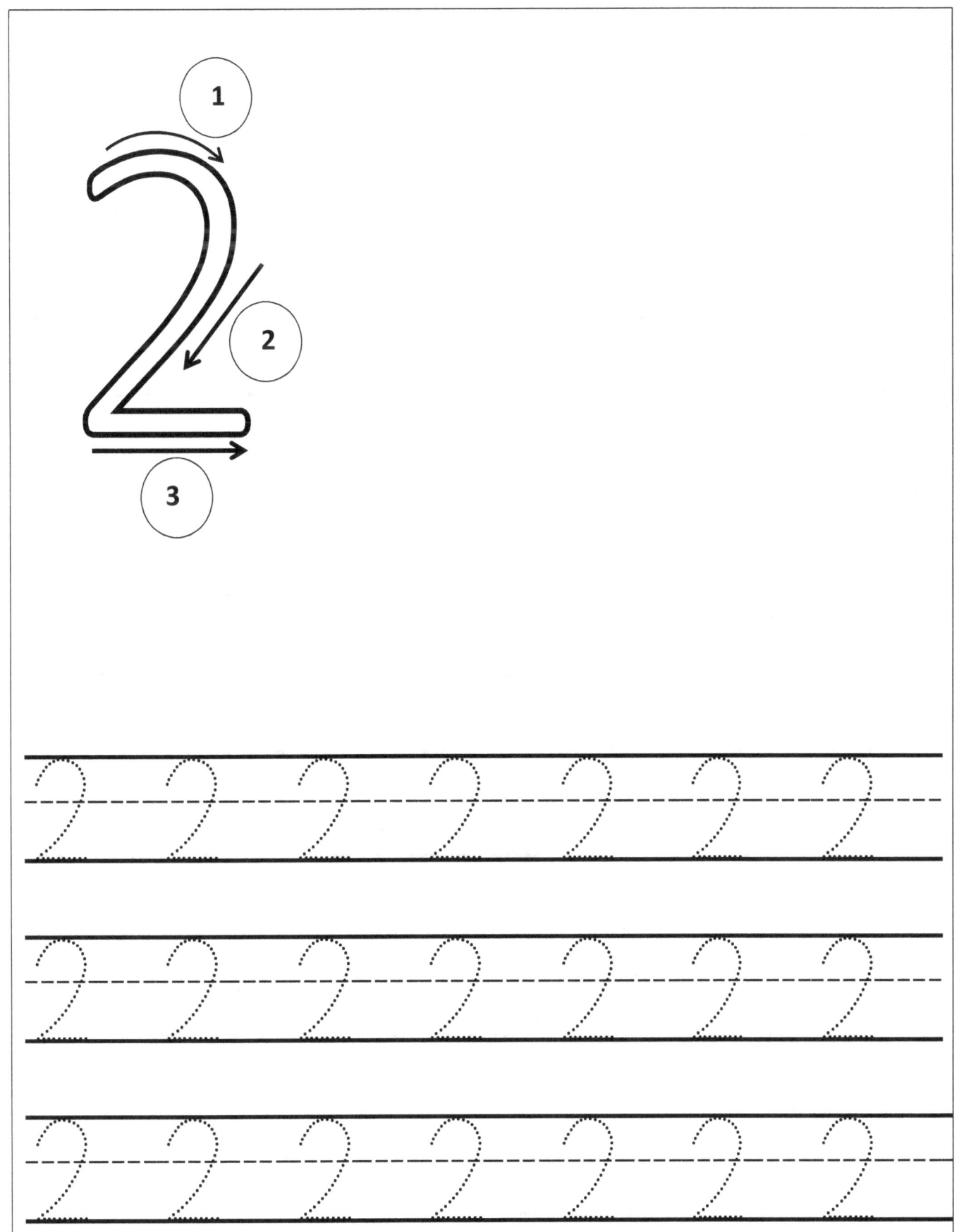

2 2 2 2 2 2 2

2 2 2 2 2 2 2

2 2 2 2 2 2 2

2 2 2 2 2 2 2

2 2 2 2 2 2 2

2 2 2 2 2 2 2

2 2 2 2 2 2 2

2 2 2 2 2 2 2

2 2 2 2 2 2 2

2 2 2 2 2 2 2

2 2 2 2 2 2 2

2 2 2 2 2 2 2

2 2 2 2 2 2 2

2 2 2 2 2 2 2

2
2
2
2
2
2
2

1
2

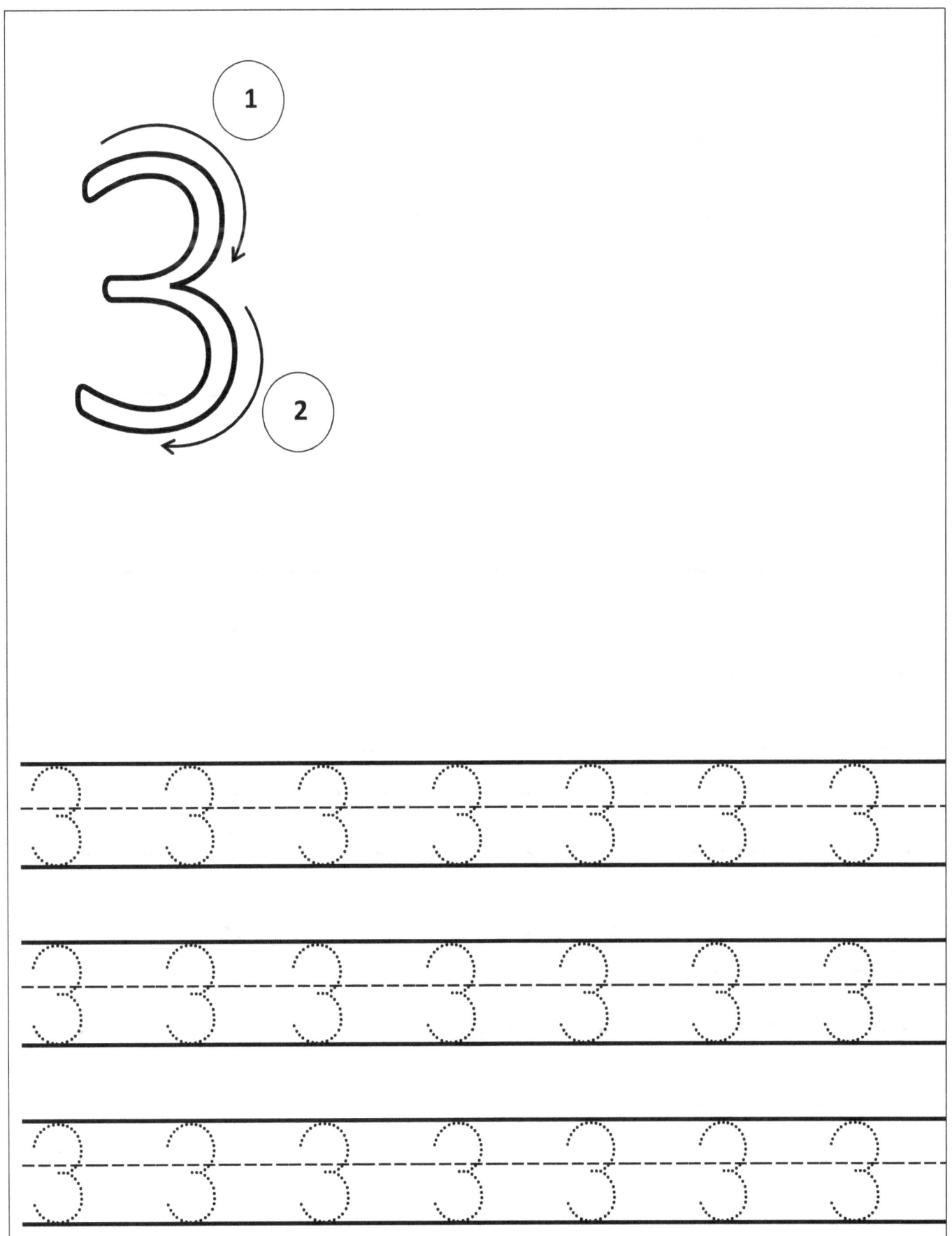

3 3 3 3 3 3 3

3 3 3 3 3 3 3

3 3 3 3 3 3 3

3 3 3 3 3 3 3

3 3 3 3 3 3 3

3 3 3 3 3 3 3

3 3 3 3 3 3 3

3 3 3 3 3 3 3

3 3 3 3 3 3 3

3 3 3 3 3 3 3

3 3 3 3 3 3 3

3 3 3 3 3 3 3

3 3 3 3 3 3 3

3 3 3 3 3 3 3

3

3

3

3

3

3

3

1
3
2

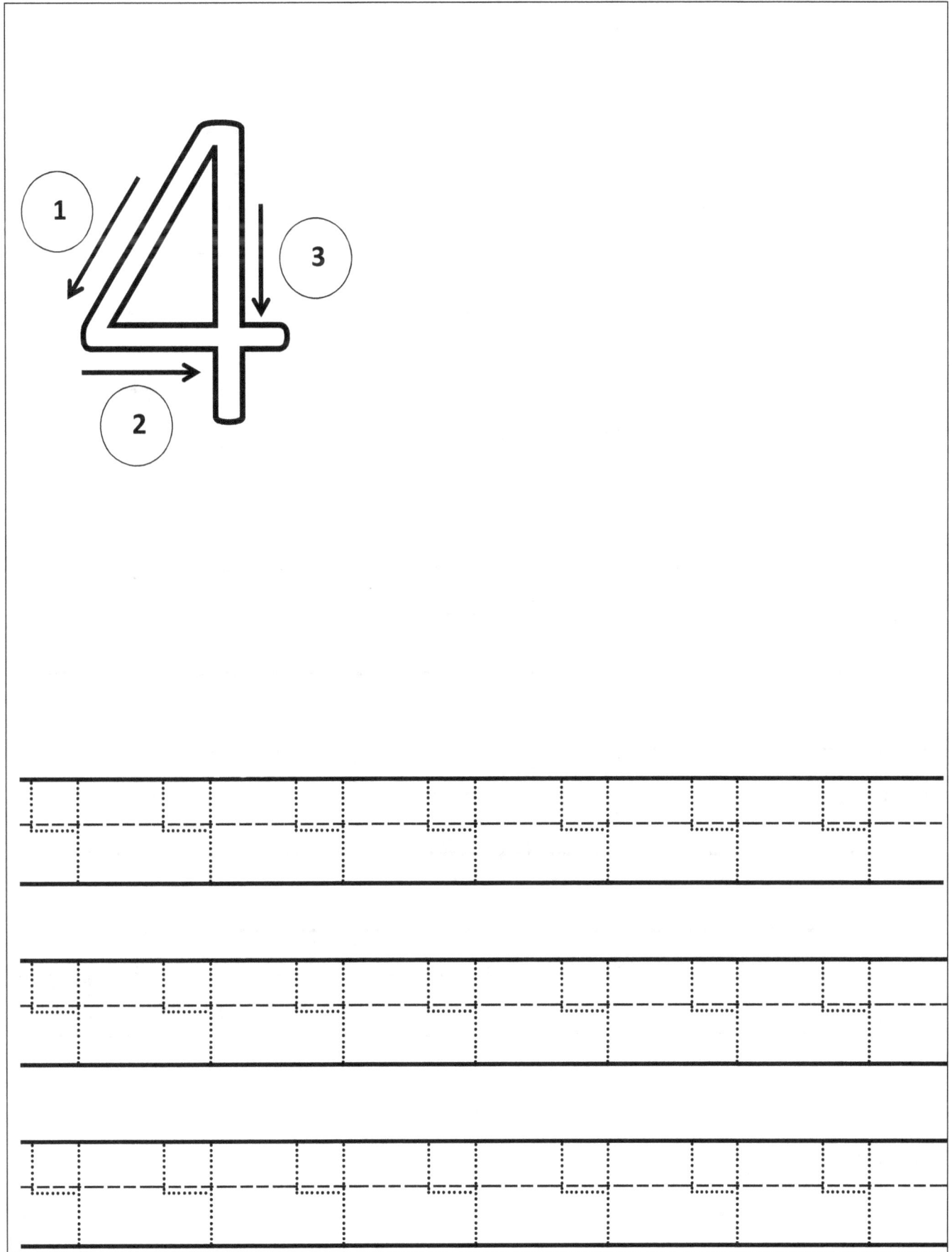

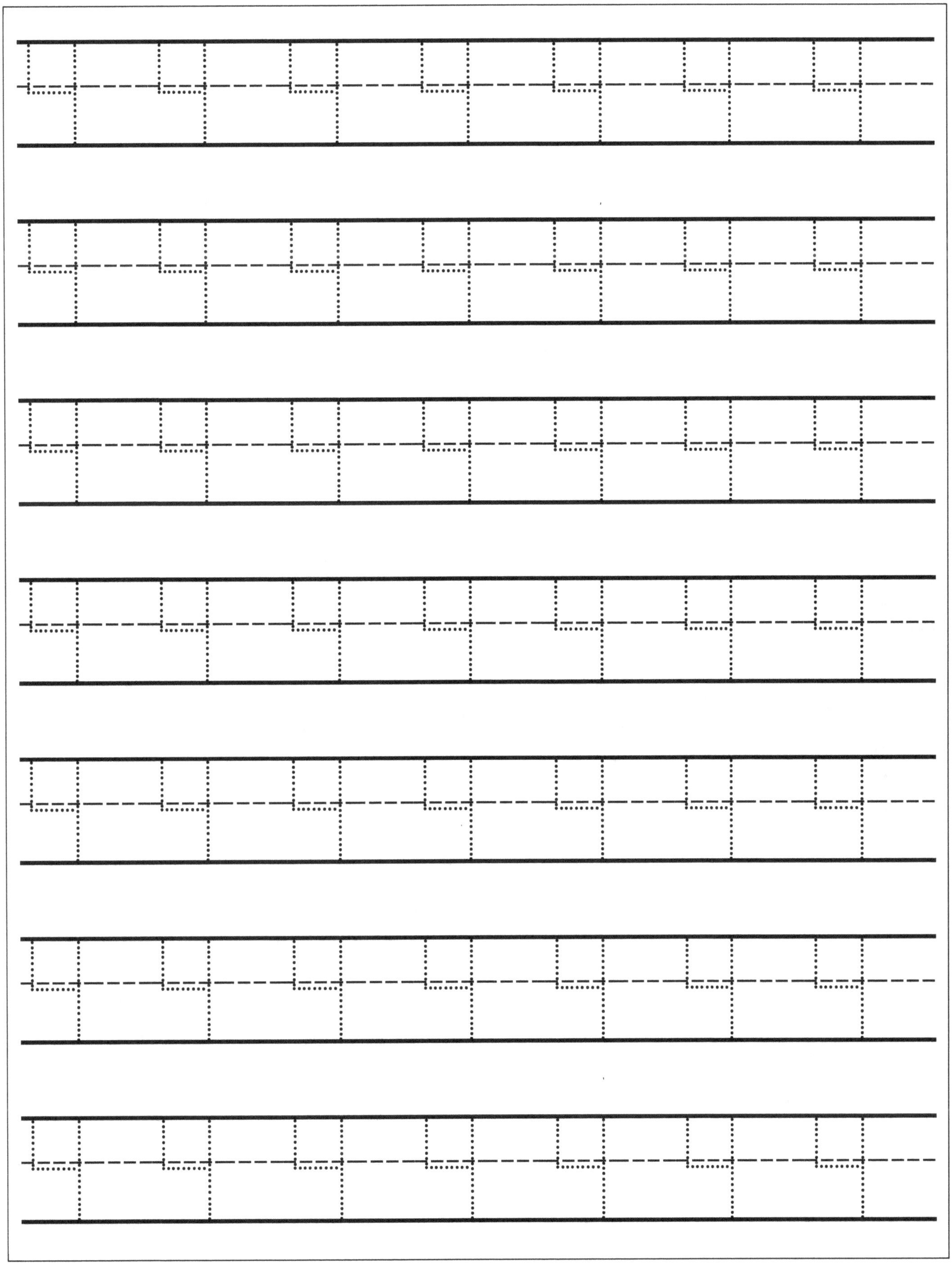

3
1
2

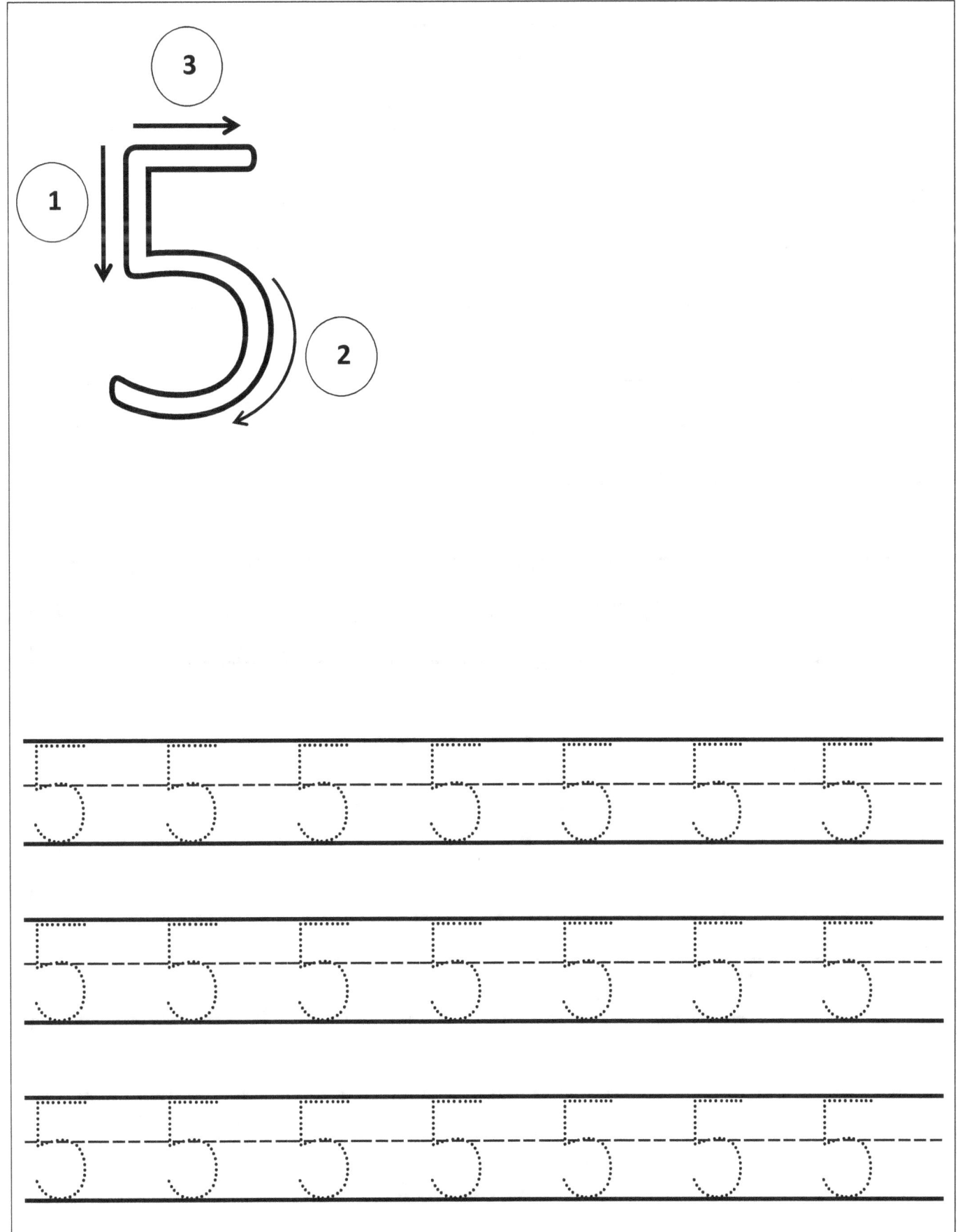

5 5 5 5 5 5 5

5 5 5 5 5 5 5

5 5 5 5 5 5 5

5 5 5 5 5 5 5

5 5 5 5 5 5 5

5 5 5 5 5 5 5

5 5 5 5 5 5 5

5 5 5 5 5 5 5

5 5 5 5 5 5 5

5 5 5 5 5 5 5

5 5 5 5 5 5 5

5 5 5 5 5 5 5

5 5 5 5 5 5 5

5 5 5 5 5 5 5

5

5

5

5

5

5

5

1
2

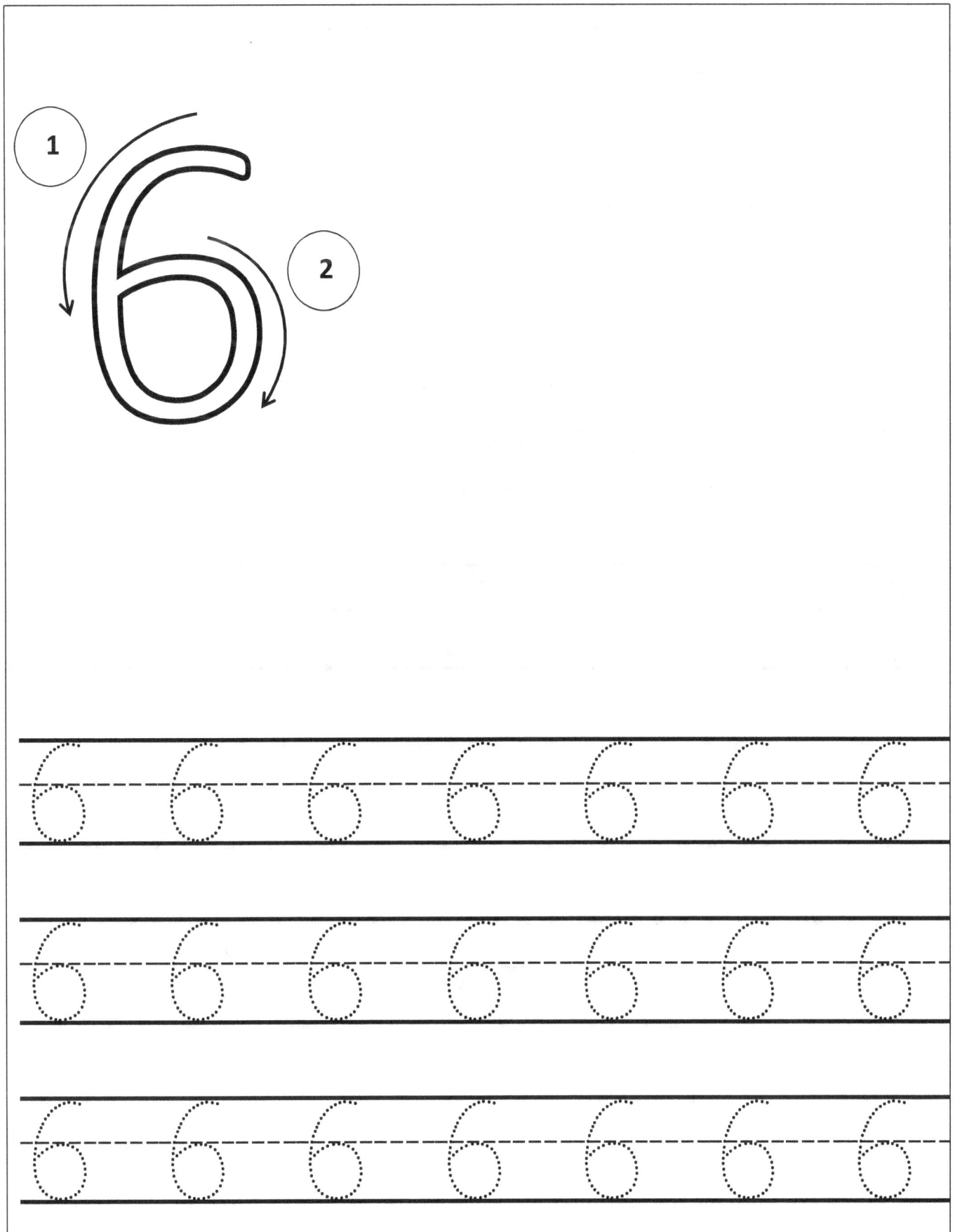

6 6 6 6 6 6 6

6 6 6 6 6 6 6

6 6 6 6 6 6 6

6 6 6 6 6 6 6

6 6 6 6 6 6 6

6 6 6 6 6 6 6

6 6 6 6 6 6 6

6 6 6 6 6 6 6

6 6 6 6 6 6 6

6 6 6 6 6 6 6

6 6 6 6 6 6 6

6 6 6 6 6 6 6

6 6 6 6 6 6 6

6 6 6 6 6 6 6

6

6

6

6

6

6

6

1
2

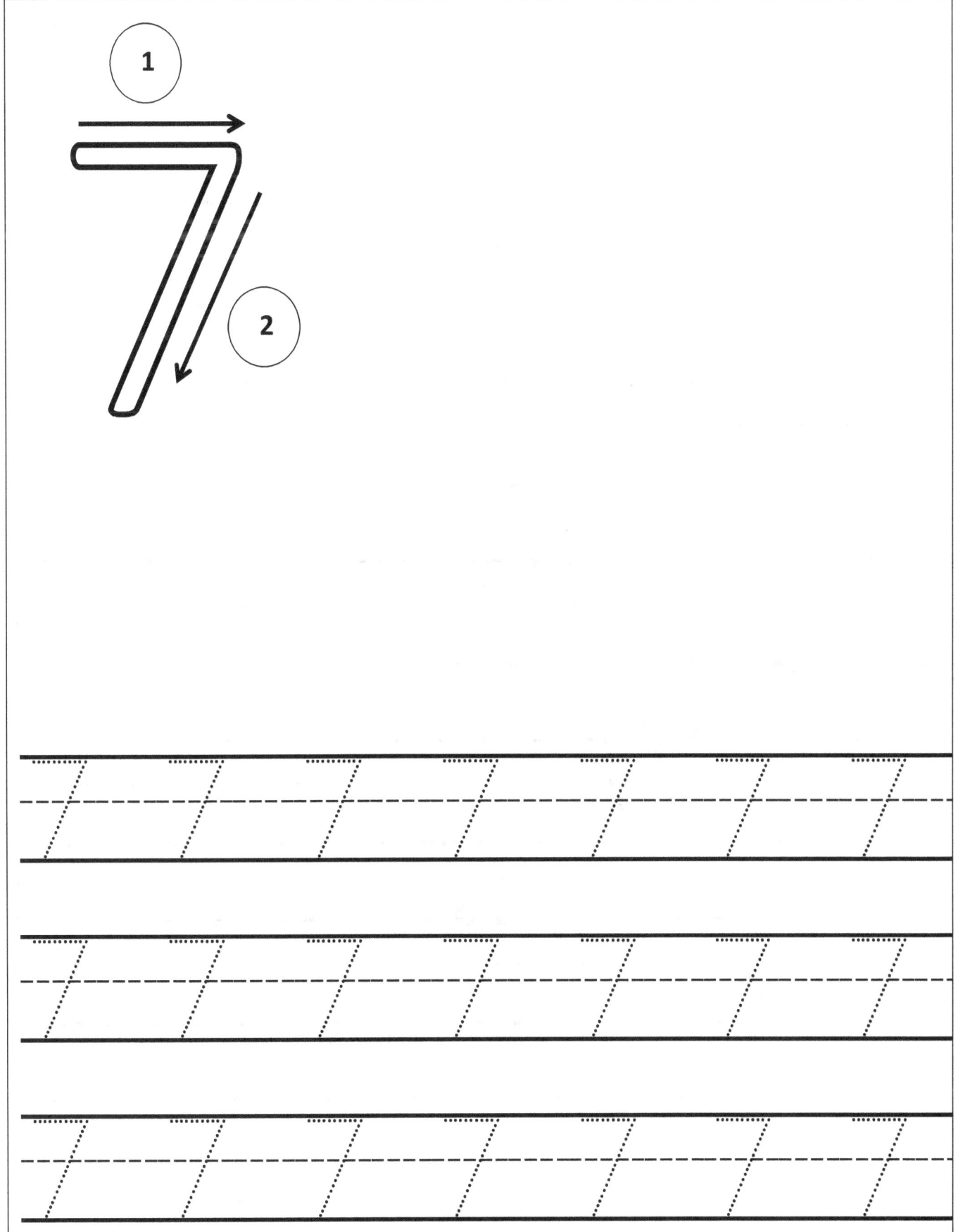

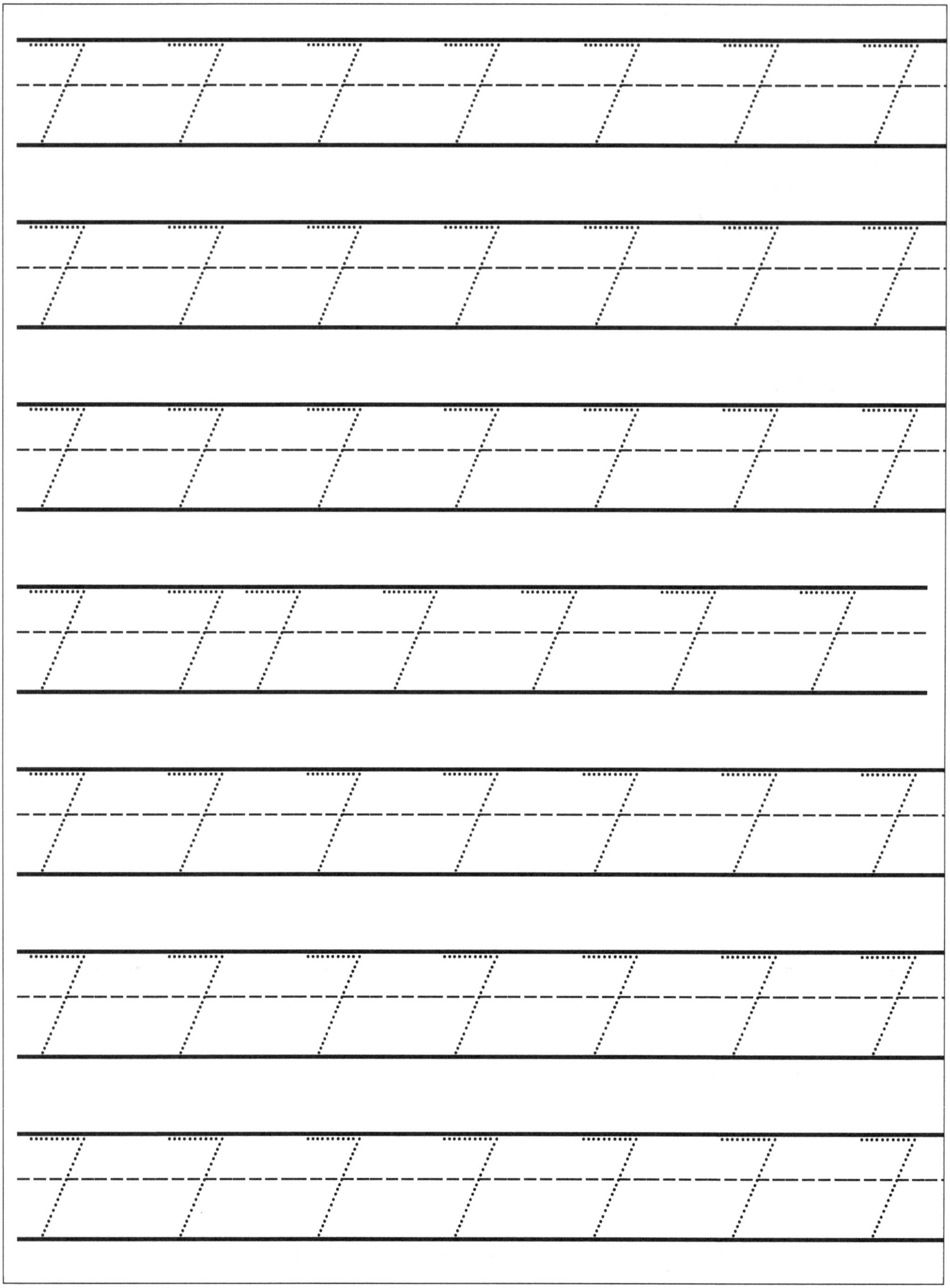

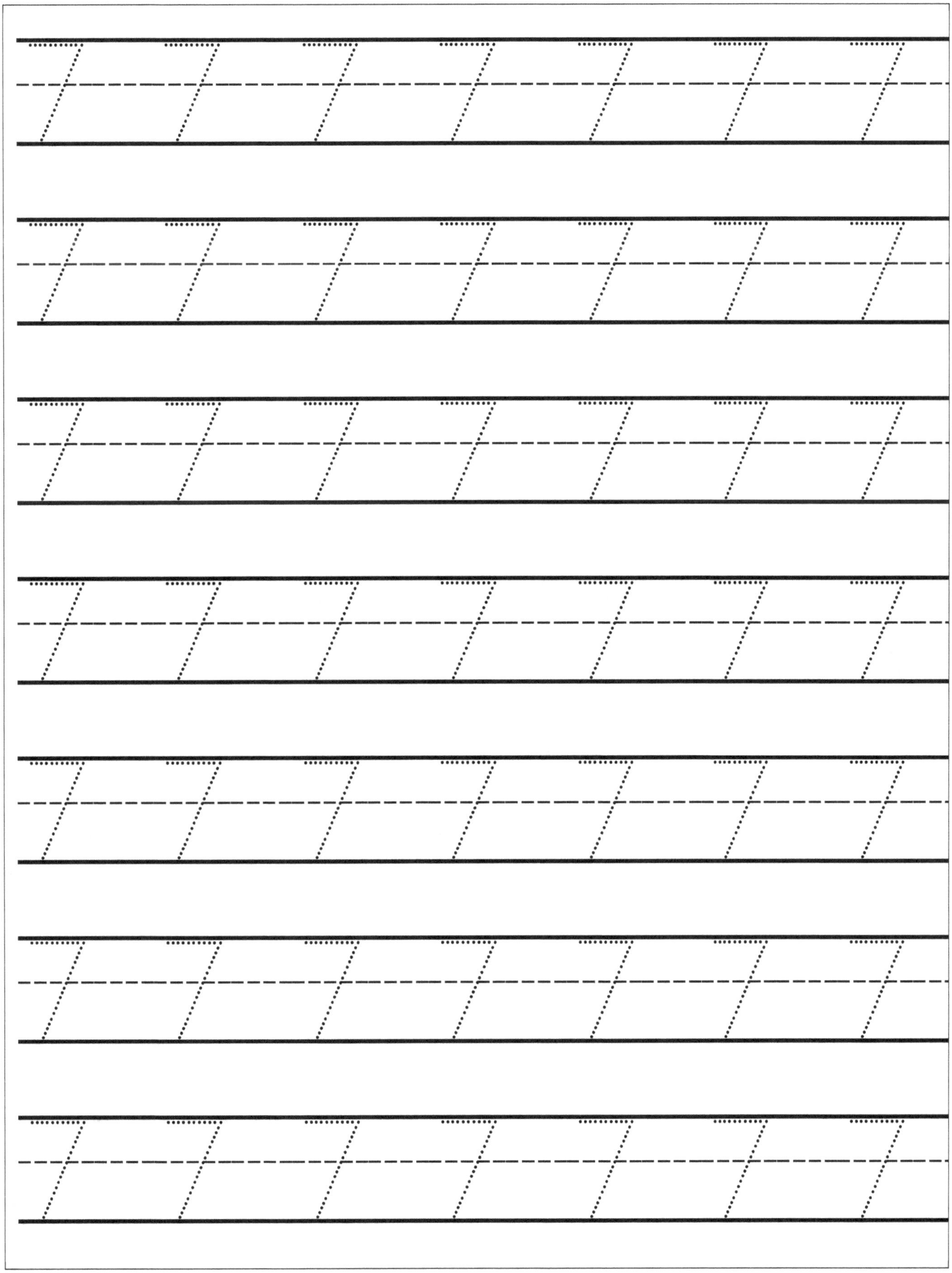

1
3
2
4

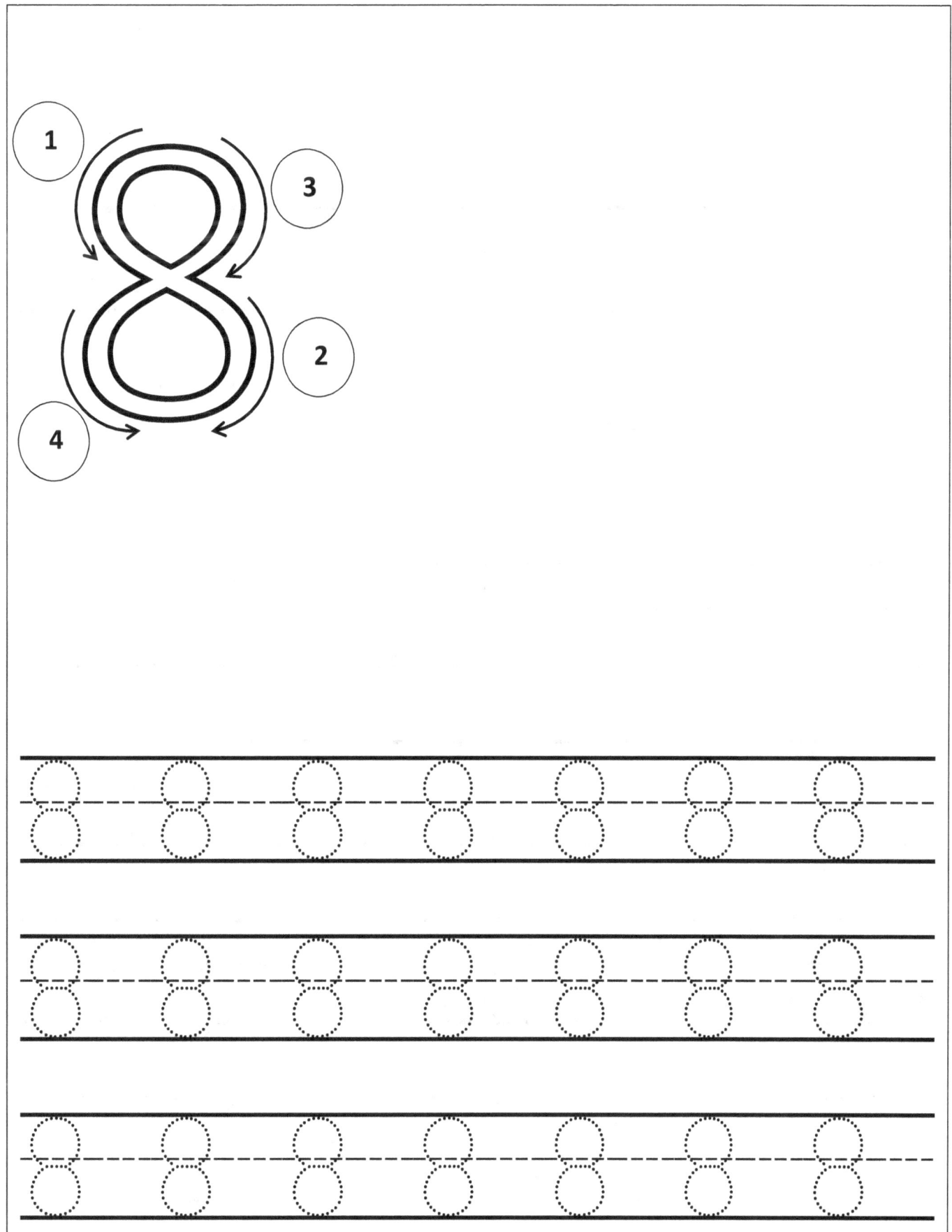

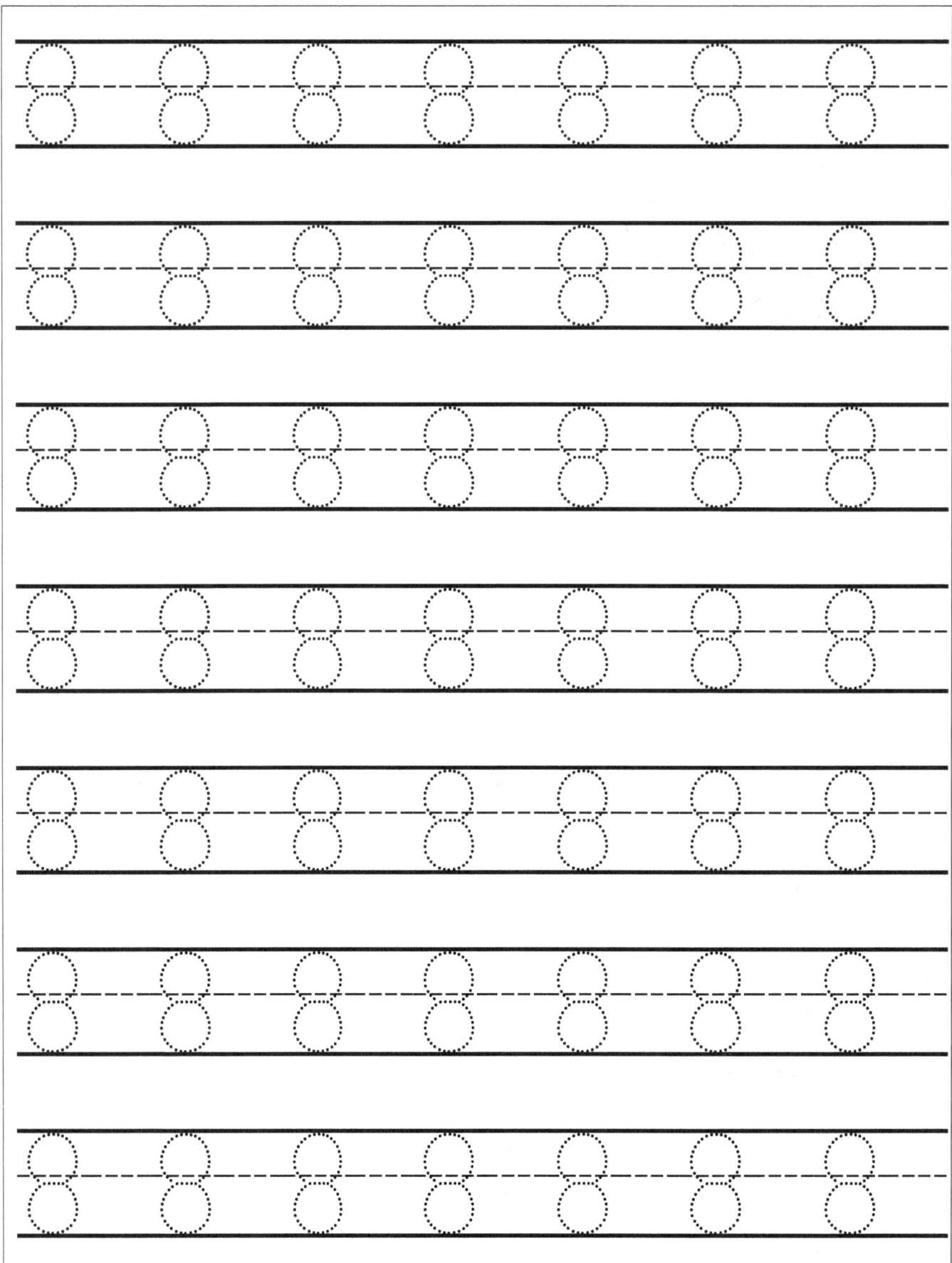

1
2

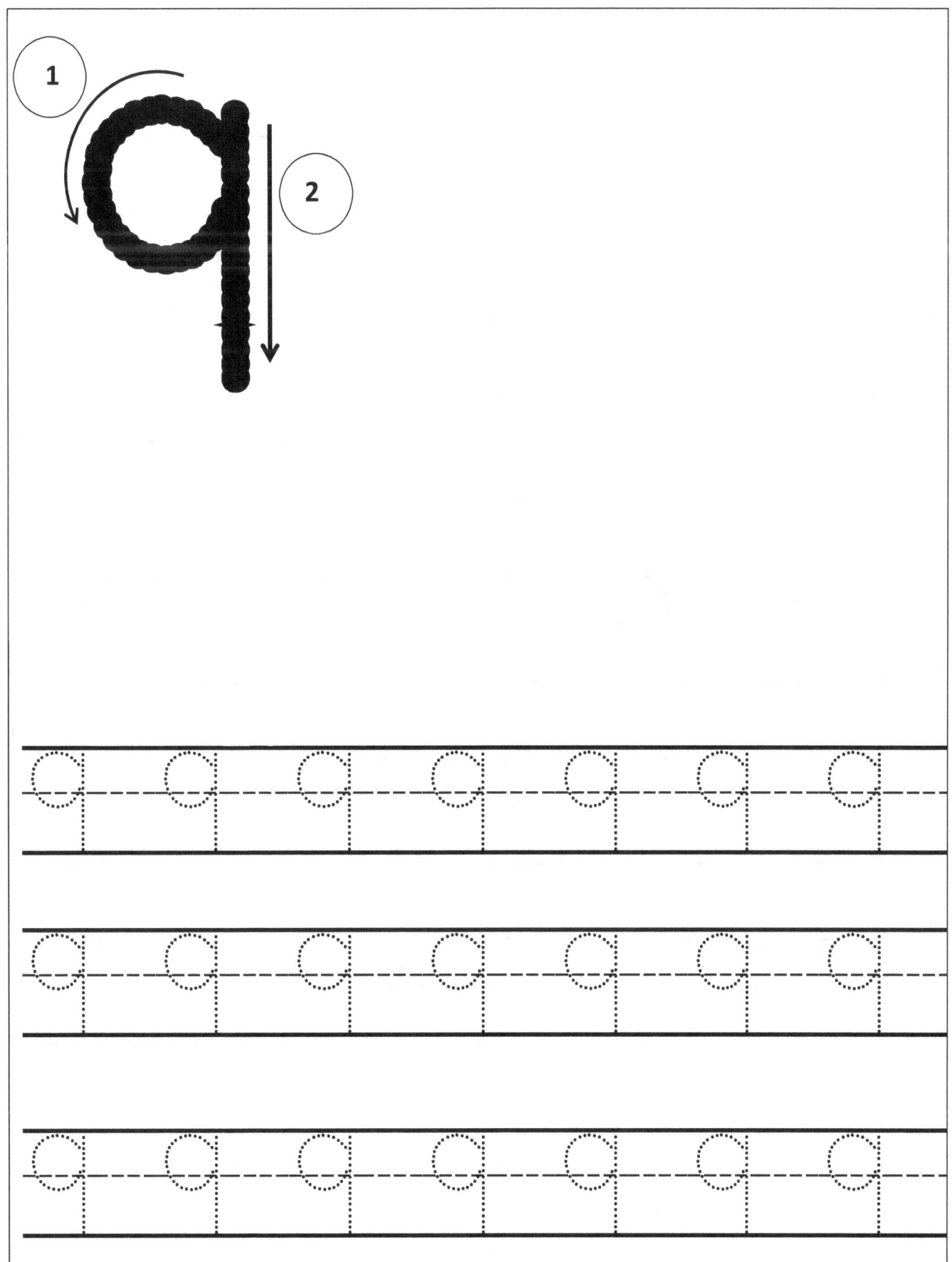

q q q q q q q

q q q q q q q

q q q q q q q

q q q q q q q

q q q q q q q

q q q q q q q

q q q q q q q

q q q q q q q

q q q q q q q

q q q q q q q

q q q q q q q

q q q q q q q

q q q q q q q

q q q q q q q

q

q

q

q

q

q

q

1
2

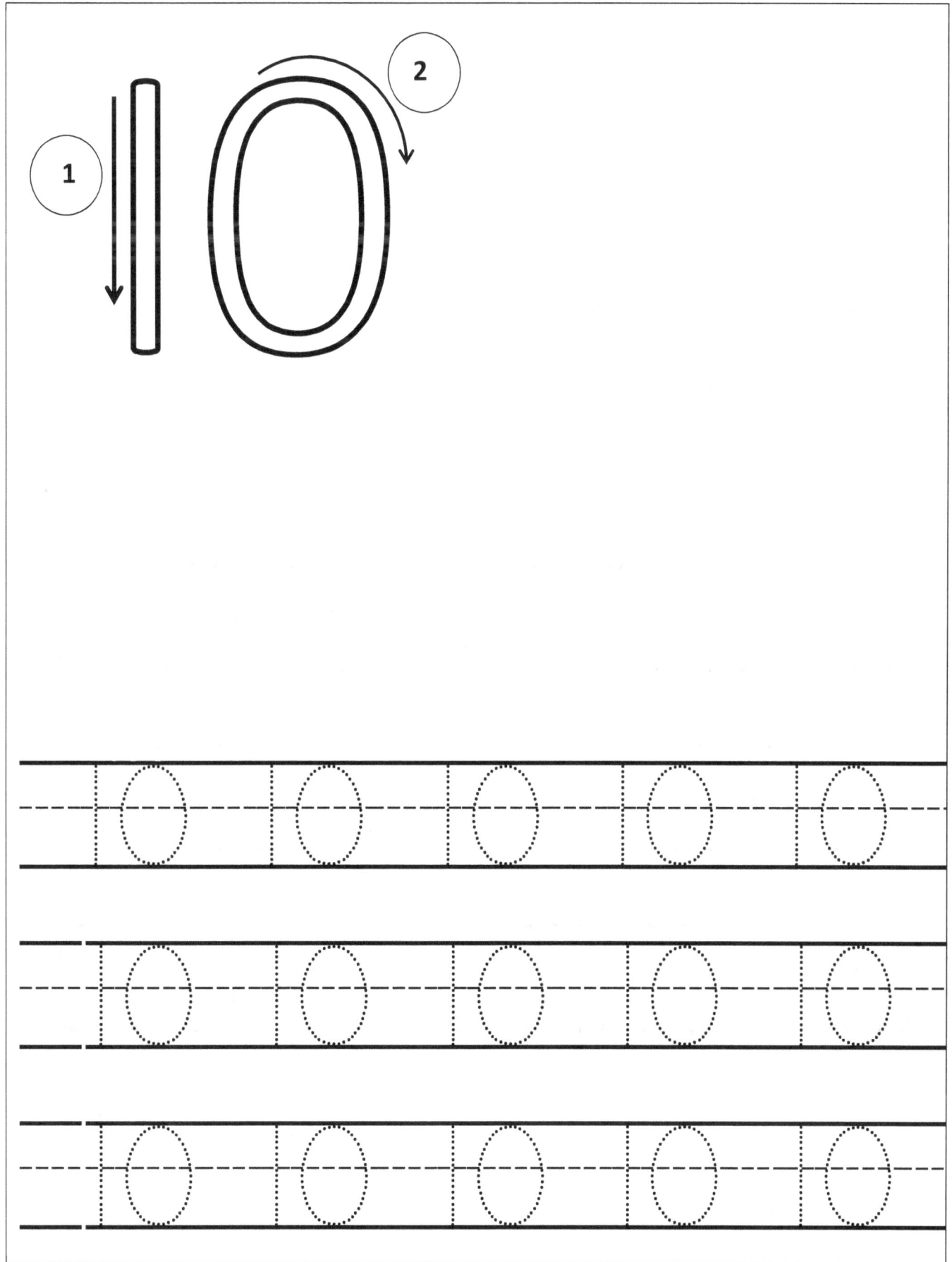

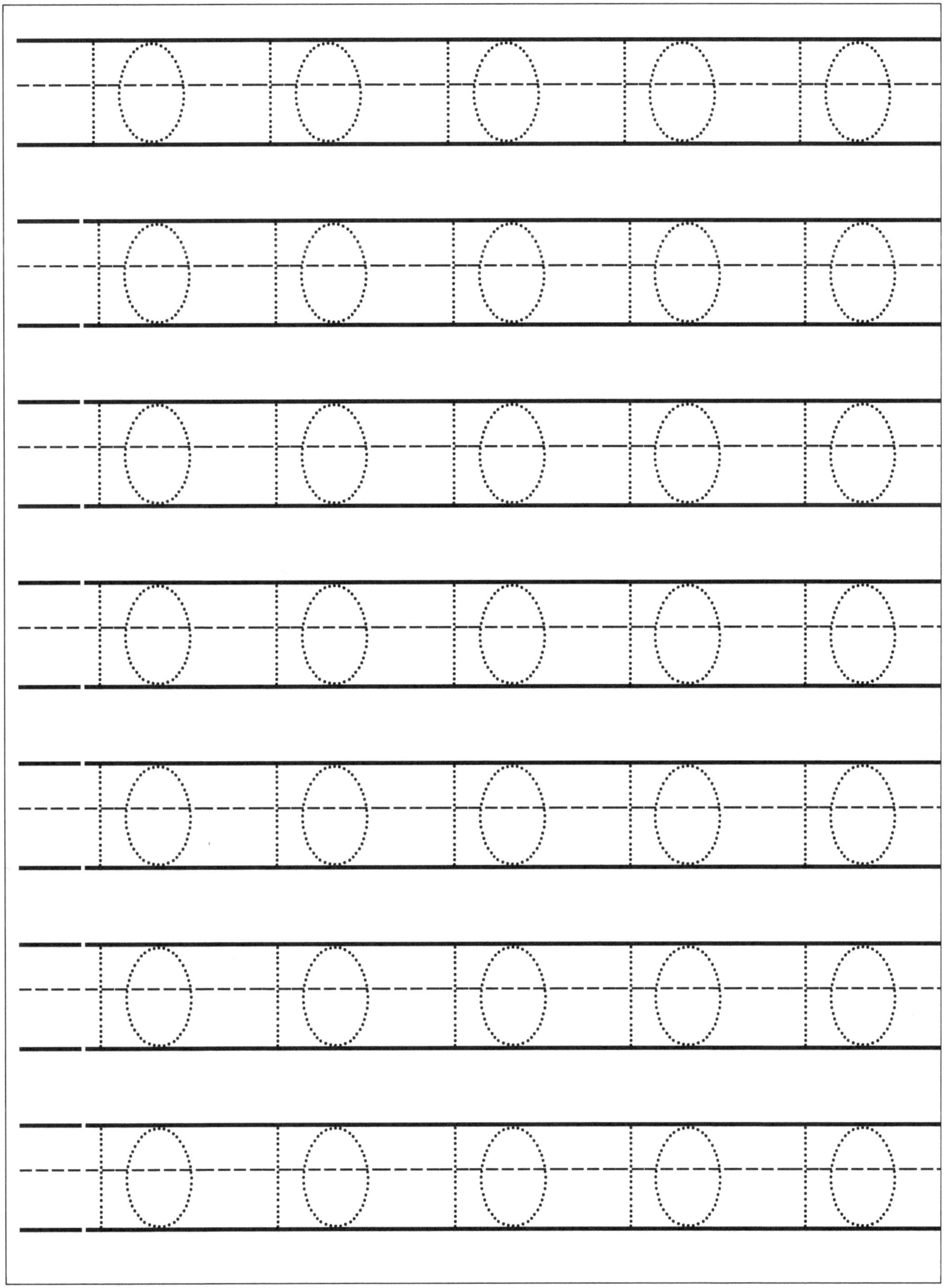